鬥智擂台

IQ
鬥一番
③

新雅文化事業有限公司
www.sunya.com.hk

強化腦力開心笑！

考考你：大熊貓一生中的最大遺憾是什麼？不夠食物？長得太胖？通通不是！答案是……嘿嘿，請你從本書中尋找吧！本書精選了 116 則搞笑有趣的 IQ 題，考你智慧和急才，同時增加你的幽默感，讓你做個快樂兒童！出現  的題目會有一點難度，要多動動腦筋啊！

小朋友，準備好接受挑戰了嗎？來動動腦筋，開懷大笑吧！

1 什麼籃子底部是破的，卻非常有用？

2 古時候沒有鐘，有人養了一羣雞，可是天亮時，沒有一隻雞給他報曉。這是為什麼？

3 家裏電話鈴聲響個不停，但家人都坐着不去接電話，這是怎麼回事？

4 小明寫了十封信，檢查信封時，發現有一封信裝錯了，爸爸還說他檢查得太馬虎，為什麼？

5 什麼地方物品定價越高，客人越高興？

6 孔子與孟子有什麼
不同？

7 考試放榜了，為什麼志明榜上無名卻一點兒也不難過？

8 什麼動物天天熬夜？

「夜貓子」

9 小涵把籠裏的小鳥
拿出來放在桌上，
小鳥卻沒有飛走。
這是什麼原因？

10 子文要往水裏跳！
但為什麼周邊圍觀
的人越來越多，卻
沒有一個人打算跳
下去救他？

11 張先生拿着針刺人，為什麼沒有一個人責怪他？

12 又小又大的是什麼？

13 一個人被老虎窮追不捨，突然前面出現一條大河，他不會游泳，但他卻過去了，為什麼？

14 有個人不是老闆，卻負責全公司員工上上下下的工作。這個人是做什麼的？

15 你的爸爸的妹妹的堂弟的表哥的爸爸與你叔叔的兒子的嫂子是什麼關係？

16 一頭公牛加一頭母牛，猜三個字。

17 一隻母羊和一隻小羊正在吃草，來了一隻狼把母羊給叼走了，小羊也乖乖地跟着走了，這是怎麼回事？

18 彤彤第一次見到壯壯，就一口咬定壯壯是喝羊奶長大的，為什麼？

19 有人被從三千米高空掉下來的東西砸到，為什麼沒有受傷？

20 做什麼事情會身不由己？

21 什麼掌不能拍？

22 小明知道考試題目的答案，為什麼還頻頻看同學的考試卷？

23 一位老伯伯住在一棟十八層的大樓裏，但他天天出入都不用升降機，為什麼？

24 家在北京的老王想去上海，他需要花多少錢？

25 一個警察在無人的大街上撿到了一個錢包卻不上交，這是什麼原因呢？

26 樂樂的考試成績是 65 分，歡歡的分數比樂樂多一點。那歡歡考了多少分呢？

27 大熊貓一生中的最大遺憾是什麼？

28 什麼鴨子用兩隻腳走路？

為什麼白鷺總縮着一隻腳睡覺？

30 《現代漢語詞典》裏的第一個字是什麼？

31 人敲椅子會發出「咚咚」聲，那麼椅子敲人會發出什麼聲？

32 老張有很嚴重的胃病，可他每星期有五天總往牙科跑，這是怎麼回事呢？

33 什麼數字減去一半
等於０？

34 什麼東西只能加，不能減？

35 鄰居老李家的屋頂為什麼有時漏雨，有時不漏雨？

36 什麼人常在刀刃上動來動去？

37 小明家很富裕，可他想買玩具時卻從不向父母要一分錢，為什麼？

要一分錢也不容易！

38 什麼飛機經常無法按照預定的目的地降落？

39 小紅和小張在聊天吹牛。小紅說她可以把整個世界吃下去，小張說什麼才可以勝過小紅？

40 老王的頭髮已經掉光了，可是為什麼他還總是去理髮店？

41 哪種竹子不長在土裏？

42 山城重慶的路，是上坡路多，還是下坡路多？

43 水蛇、蟒蛇、青竹蛇，哪一條蛇比較長？

44 人們看不清楚的花 是什麼花？

45 侍應生給小林端來了熱湯，小林喝了一半後發現湯裏有隻蒼蠅，你說誰倒霉？

46 一個通緝犯在整容醫院整了容，可警察還是一下子就認出他是通緝犯。為什麼？

47 什麼東西胖得快，
瘦得更快？

48 睡美人最怕的是什麼？

49 烏鴉身上最不討人喜歡的是什麼？

50 一個人一年中哪一天睡覺時間最長？

51 三個好朋友一起出去玩，其中兩個說着說着就動起拳頭來，為什麼另一個好朋友不加以阻止呢？

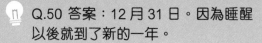

Q.50 答案：12 月 31 日。因為睡醒以後就到了新的一年。

 52 什麼地方盛產安哥拉兔毛？

53 針打在什麼地方最沒痛苦？

54 什麼東西破裂之後，即使用最精密的儀器也找不到裂紋？

55 為什麼沖天炮射不到星星？

56 為什麼燕子在秋天就要飛到南方去？

57 灰灰考試得了滿分，為什麼卻哭了？

58 將軍要選敢死隊隊員，下令有志當敢死隊隊員的士兵向前走一步。大兵阿德原地不動，為什麼卻光榮入選？

59 將一張撲克牌正面朝下放在桌上，你能不能想出一個好辦法，知道撲克牌的花樣？

60 為什麼說拿破崙的字典裏沒有一個「難」字？

61 爸爸什麼時候會變得像個孩子一樣？

62 小學老師遇到什麼事最頭痛？

63 誰總是脫掉乾衣服，換上濕衣服？

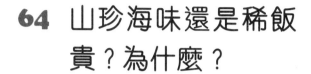

64 山珍海味還是稀飯貴？為什麼？

65 做事禮貌周到的張先生進入屋內為什麼不隨手關門？

66 蝌蚪沒有尾巴，成了青蛙。如果猴子沒有了尾巴，那是什麼？

67 為什麼游泳比賽中青蛙輸給了狗？

68 如果動物園失火，
最先逃出來的是哪
一種動物？

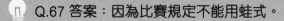
69 什麼牙每天都發生變化？

70 如果你有一隻會下金蛋的母雞，你該怎麼辦？

71 大家都不想得到的是什麼？

72 什麼地方能「出生入死」？

73 小王跑步為什麼總是保持一個姿勢不變？

74 一個人的什麼地方能大能小？

75 什麼時候 4－3=5 ？

76 大雄練成了「吃西瓜不吐籽」的絕招，他到底是怎樣練成的？

77 懷孕的母狗怕人踢她，可是有個傢伙踢她，她既不躲避，又不會生氣，這是為什麼？

78 清潔工老王只花了一天的時間，就從廣州打掃到北京。他是怎樣做到的？

79 什麼是傾國傾城？

80 世界上飛得最高的
動物是什麼？

81 一心想要減肥的胖孩子生病時，最怕前來探病的人說什麼？

82 一個人掉進游泳池裏，他的身體卻沒有濕，為什麼？

83 雙手對人們至關重要，為什麼有的人賣力幹活時偏偏不能用雙手？

84 豆腐為什麼能打傷人？

85 考試時，小光全部都抄小明的答案，為什麼小明得到一百分，小光卻得了零分呢？

86 從前有隻雞，雞的左面有隻狗，右面有隻貓，前面有隻兔子，雞的後面是什麼？

87 有什麼照片你看不出上面照的是誰？

88 壞人是怎樣騙人的？

89 常言道：「旁觀者清，當局者迷。」在什麼情況下，我們感覺恰恰相反呢？

90 什麼東西倒立後便會增加一半？

91 萬里長城是從哪裏開始的？

東起山海關
西至嘉峪關

92 時鐘敲了十三下，說明了什麼？

噹！

93 什麼東西太陽曬不乾，風能吹乾？

94 大毛和二毛、三毛長得很像，但二毛、三毛卻說大毛不是他們的哥哥，為什麼？

哈哈！

95 爸爸丟了東西，為什麼媽媽還特別高興？

96 阿呆暈車，想跟靠窗戶的人換位置，卻沒法換，為什麼？

97 吃蘋果時發現裏面有一條蟲，讓人覺得噁心。那看到幾條蟲子會覺得最噁心？

98 寫什麼字需要寫一個半月才能夠寫出來？

99 慧慧一家三口去拍照，為什麼照片上只有她和媽媽？

100 什麼車不管它的輪子轉多快，它還是在原地不動？

101 志強不會輕功，他單腳站在雞蛋上，但是雞蛋不會破，為什麼？

102 什麼東西每天都會來，但其實沒有真正來過？

103 有什麼人生病的時候，從來不看醫生？

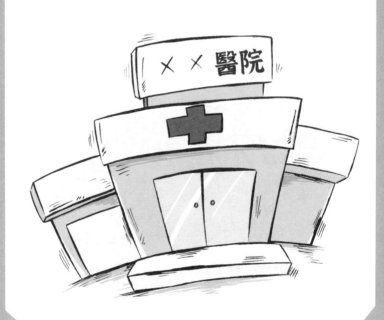

104 有兩個人同時來到河邊，他們都想過河，可是這裏只有一條小船，而且它只能載一個人，請問這兩個人能否都過河？

105 現今這個社會，金融才俊都是靠什麼吃飯？

106 什麼東西有五個頭，但是其他人不會覺得他很奇怪？

107 印度洋的中間是什麼？

108 去動物園參觀，進去看到的第一個動物會是什麼？

109 用西瓜或椰子打頭，哪個會較痛？

110 我們借什麼東西可以不用歸還？

111 有什麼事情是每個人都會做，但每次只能一個人做？

112 有一頭牛向東走了五米，再向南走了五米，然後向西走了五米，最後就向左轉，牠的尾巴現在朝哪裏？

113 為什麼有一瓶標明了含劇毒的藥會對人體無害？

114 在現代的社會中，大部分科學家的出生地是在哪裏？

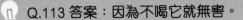
115 有什麼車是寸步難行的？

116 有什麼酒是不能喝的？

119

你已完成挑戰，
真厲害啊！

鬥智擂台

IQ 鬥一番 ③

作　　　者：幼獅文化
封面繪圖：ruru lo cheng
插　　　圖：曾正平、黑牛工作室
責任編輯：黃碧玲
美術設計：徐嘉裕
出　　　版：新雅文化事業有限公司
　　　　　　香港英皇道 499 號北角工業大廈 18 樓
　　　　　　電話：(852) 2138 7998
　　　　　　傳真：(852) 2597 4003
　　　　　　網址：http://www.sunya.com.hk
　　　　　　電郵：marketing@sunya.com.hk
發　　　行：香港聯合書刊物流有限公司
　　　　　　香港荃灣德士古道 220-248 號荃灣工業中心 16 樓
　　　　　　電話：(852) 2150 2100
　　　　　　傳真：(852) 2407 3062
　　　　　　電郵：info@suplogistics.com.hk
印　　　刷：中華商務彩色印刷有限公司
　　　　　　香港新界大埔汀麗路 36 號
版　　　次：二〇二四年三月初版
　　　　　　二〇二四年十一月第三次印刷

ISBN: 978-962-08-8338-5

《鬥智擂台》系列

謎語挑戰賽 1

謎語挑戰賽 2

謎語過三關 1

謎語過三關 2

IQ 鬥一番 1

IQ 鬥一番 2

IQ 鬥一番 3

金牌數獨 1

金牌數獨 2

金牌語文大
比拼：字詞
及成語篇

金牌語文大
比拼：詩歌
及文化篇